César David Torres Fernández
Delia Moreno Velázquez
J. Refugio Tobar Reyes

CUIDEMOS NUESTRO PLANETA ...   SEMBRANDO VIDA

César David Torres Fernández
Delia Moreno Velázquez
J. Refugio Tobar Reyes

CUIDEMOS NUESTRO PLANETA ... SEMBRANDO VIDA

AUN ES TIEMPO DE SALVAR AL PLANETA

Editorial Académica Española

Imprint

Any brand names and product names mentioned in this book are subject to trademark, brand or patent protection and are trademarks or registered trademarks of their respective holders. The use of brand names, product names, common names, trade names, product descriptions etc. even without a particular marking in this work is in no way to be construed to mean that such names may be regarded as unrestricted in respect of trademark and brand protection legislation and could thus be used by anyone.

Cover image: www.ingimage.com

Publisher:
Editorial Académica Española
is a trademark of
Dodo Books Indian Ocean Ltd. and OmniScriptum S.R.L publishing group

120 High Road, East Finchley, London, N2 9ED, United Kingdom
Str. Armeneasca 28/1, office 1, Chisinau MD-2012, Republic of Moldova, Europe
Managing Directors: Ieva Konstantinova, Victoria Ursu
info@omniscriptum.com

Printed at: see last page
ISBN: 978-613-9-46721-1

Autores

César David Torres Fernández M.C. de la Benemérita Universidad Autónoma de Puebla Profesor-investigador de tiempo completo en el área económico-administrativa De la Facultad de Ciencias Agrícolas y Pecuarias. Tel. 01 (231) 31 22933 Cel. 231 387 6538 ghazzali.david@hotmail.com

Dra. Delia Moreno Velázquez, profesora investigadora de tiempo completo en el área social rural, recursos naturales y proyectos de factibilidad de la Facultad de Ciencias Agrícolas y Pecuarias. Tel. 2313122933.
Cel: 2311205664
Delia.moreno@correo.buap.mx

Refugio Tobar Reyes DR. de la Benemérita Universidad Autónoma de Puebla Profesor investigador de tiempo completo en el área social-rural, recursos naturales y proyectos de factibilidad de la Facultad de Ciencias Agrícolas y Pecuarias. Tel. 01 (231) 31 22933 Cel. 231 285 refugiotobar71@gmail.com

CUIDEMOS NUESTRO PLANETA..................SEMBRANDO VIDA

INDICE

Cuidemos nuestro único hogar
TODA LA COMIDA VIENE DE LA ·TIERRA· ¡CUIDÉMOSLA!
Naturaleza

CUIDEMOS NUESTRO PLANETA...............SEMBRANDO VIDA

I.   OBJETIVO DEL LIBRO

El objetivo de la difusión de este libro es hacer conciencia en los diversos ámbitos de la vida pública y privada. La idea es dar a conocer la importancia que tiene la reforestación para contribuir en gran medida a atenuar los problemas de la pobreza rural y la degradación ambiental. De esta manera, sus objetivos son rescatar al campo, reactivar la economía local y la regeneración del tejido social en las comunidades.

Le hemos hecho mucho daño a nuestro planeta, lo hemos deforestado indiscriminadamente, hemos contaminado el agua, la tierra, el aire y el fuego lo hemos utilizado más para perjudicar al planeta que para beneficiarlo. El buen uso de estos cuatro elementos serviría en mucho para tener un sistema sustentable y sostenible a lo largo y ancho de nuestro planeta.

II.   PROGRAMA SEMBRANDO VIDA

II.1 Objetivo

Nuestro objetivo es contribuir al bienestar social de las y los sujetos agrarios en sus localidades rurales e impulsar su participación efectiva en el desarrollo rural integral. México es un país rico en recursos naturales, biodiversidad y cultura.

La población objetivo-acotada para el Programa Sembrando Vida, queda definida como aquellos "Sujetos agrarios mayores de edad que habitan en localidades rurales, cuyos municipios se encuentran con niveles de rezago social y que son propietarios o poseedores de 2.5 hectáreas disponibles para ser trabajadas en proyectos agroforestales.

II.2 Descripción del Programa

PROYECTO SEMBRANDO VIDA es un programa del Gobierno Federal que tiene el objetivo de combatir la pobreza rural y la degradación ambiental, con apoyos económicos a personas que se dedican al campo. En el programa se trabaja para convertir a los ejidos en un área estratégica para el desarrollo pleno del campo mexicano. De esta manera, sus objetivos son rescatar al campo, reactivar la economía local y la regeneración del tejido social en las comunidades, por lo que se trabaja en cuatro componentes:

a). Inclusión productiva

b). Cuidado del medio ambiente

c). Fomento a la cultura del ahorro

d). Reconstruir el tejido social

¿Cómo funciona Sembrando vida?

El gobierno federal aporta las plantas y los recursos para sembrarlas. Cada productor, comunero y ejidatario que se integre a este proyecto cultivará 2.5 hectáreas, por lo que recibirán un jornal de 5,000 pesos mensuales. Además, deberán formar parte de una comunidad de aprendizaje integrada por 25 campesinos que recibirán capacitación acompañada de un técnico social, quien trabajará para favorecer el bienestar de la comunidad impulsando relaciones de cooperación, armonía y corresponsabilidad; un técnico productivo, que los asesorará sobre técnicas de producción, tipos de suelo y cultivos mejor adaptados; tres becarios del programa Jóvenes Construyendo el Futuro que vivan en la comunidad y participaran en los procesos productivos y sociales.

Requisitos

Para poder pertenecer al programa debes de ser mayor de edad, habitar en localidades rurales, cuyos municipios se encuentran con niveles de rezago social y que son propietarios o poseedores de 2.5 hectáreas disponibles para ser trabajadas en un proyecto agroforestal.

Criterios de selección de parcela

• Microcuenta
• Con potencial de recuperación de biodiversidad

• Suelos degradados o con pérdida de cobertura de vegetación forestal •
Reconversión productiva, potreros, milpas y manejos de acahuales sin
tumbas

• Áreas perturbadas por enfermedades, desastres naturales o plagas
forestal

• *Quedan excluidas las parcelas con práctica de quema

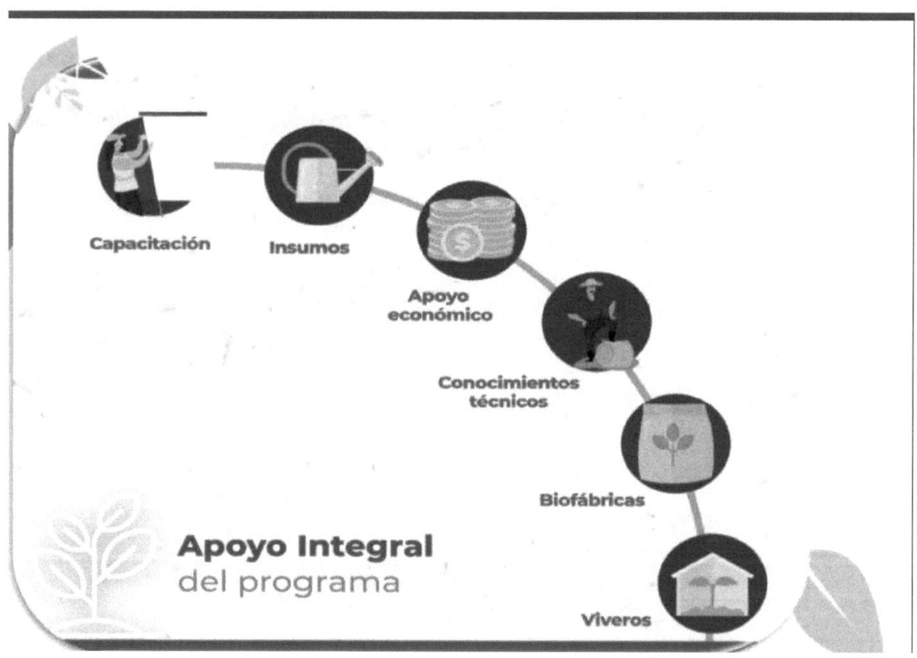

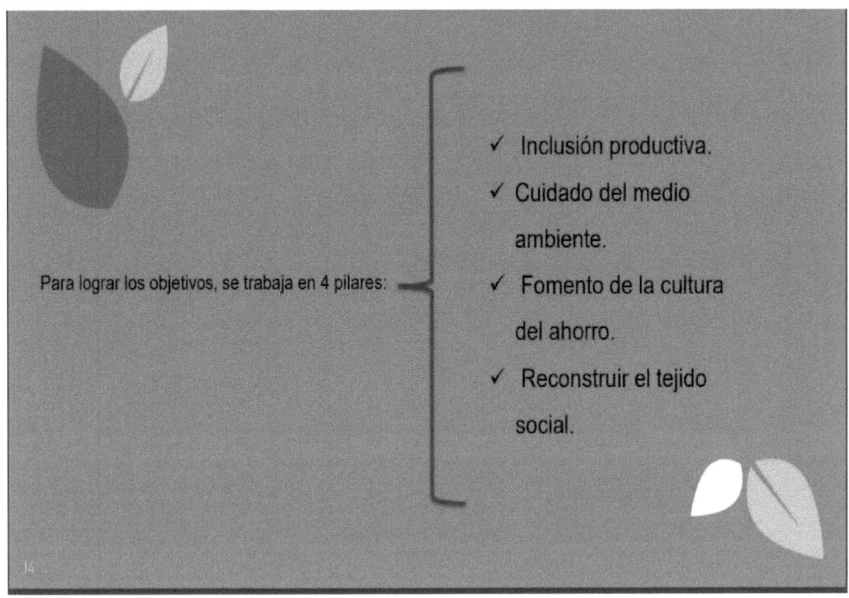

Alineación del Programa Sembrando Vida al Programa Sectorial de Bienestar

Objetivo Prioritario
Contribuir al bienestar social mediante ingresos suficientes, impulsar la autosuficiencia alimentaria, la reconstrucción del tejido social y generar la inclusión productiva de los campesinos en localidades rurales para hacer productiva la tierra.
Estrategias prioritarias
3.1 Instrumentar acompañamiento técnico agrícola con enfoque intercultural, apoyos económicos y en especie para que campesinas y campesinos puedan hacer productiva la tierra, lograr la autosuficiencia alimentaria y agroforestal, en coordinación con las instituciones públicas competentes.
3.2 Otorgar acompañamiento técnico social para promover la reconstrucción del tejido social en las localidades rurales.
3.3 Proporcionar asistencia técnica y mecanismos financieros con pertinencia cultural a campesinas y campesinos para promover su inclusión productiva y financiera.

Acciones puntuales
3.1.1 Contratar y capacitar a técnicos agrícolas en temas de milpa intercalada entre árboles frutales, sistemas agroforestales, agricultura sustentable, biofábricas y viveros.
3.1.2 Proporcionar asistencia y acompañamiento técnico a campesinas y campesinos con pertinencia cultural en temas de milpa intercalada entre árboles frutales, sistemas agroforestales, agricultura sustentable, biofábricas y viveros.
3.1.3 Proporcionar apoyos económicos a campesinas y campesinos, con pertinencia cultural para que puedan hacer productiva la tierra.
3.1.4 Proporcionar apoyos en especie a campesinas y campesinos con pertinencia cultural para que puedan hacer productiva la tierra.
3.1.5 Apoyar la instalación de viveros comunitarios para la producción de planta.
3.1.6 Apoyar la instalación de biofábricas que produzcan insumos para los viveros comunitarios y las parcelas de las campesinas y campesinos.
3.2.1 Contratar y capacitar a técnicos sociales en temas de ahorro, construcción de ciudadanía, desarrollo comunitario, igualdad de género, salud comunitaria, derechos humanos, no discriminación y demás temas que aporten a la reconstrucción del tejido social en localidades rurales.
3.2.2 Proporcionar asistencia y acompañamiento técnico social a campesinas y campesinos con pertinencia cultural en temas de ahorro, construcción de ciudadanía, desarrollo comunitario, igualdad de género, salud comunitaria, derechos humanos, no discriminación y demás temas que aporten a la reconstrucción del tejido social en localidades rurales.
3.3.1 Contratar y capacitar a técnicos en temas de agroindustria, economía social y solidaria, encadenamientos productivos, canales de comercialización, incubación empresarial, organizaciones asociativas productivas y demás temas que promuevan la inclusión productiva de campesinas y campesinos.
3.3.2 Proporcionar asistencia y acompañamiento técnico a campesinas y campesinos en temas de agroindustria, economía social y solidaria, encadenamientos productivos, canales de comercialización, incubación empresarial, organizaciones asociativas productivas y demás temas que promuevan la inclusión productiva de campesinos.
3.3.3 Promover la constitución de un mecanismo de ahorro que apoye la inclusión productiva y financiera de los campesinos.
Meta para el Bienestar
3.1 Población con ingreso inferior a la línea de pobreza por ingreso en el ámbito rural
Parámetro 3.2 Población con carencia de acceso a la alimentación en el ámbito rural

Tipos y Montos de Apoyo.

Los apoyos establecidos en este Programa podrán otorgarse hasta donde el Presupuesto de Egresos de la Federación 2021 lo permita. Las/los sujetos de derecho del Programa contarán con los siguientes apoyos:

1) Apoyo económico ordinario, y en su caso, se deberá otorgar apoyo adicional, depositado directamente a sus cuentas bancarias, tal como se establece en el numeral 3.6.1.

2) Apoyo en especie según se establece en el numeral 3.6.2, adicionalmente, podrá contar con acompañamiento social y técnico, mediante un proceso de capacitación y formación permanente.

3) En caso fortuito y de fuerza mayor, previa Declaratoria de Desastre Natural emitida por autoridad competente, el Comité Técnico del Programa

podrá, previo análisis y dictamen, autorizar apoyos extraordinarios en especie y/o económicos para resarcir la perdida de plantas e insumos. Todo lo anterior, para el correcto y oportuno desarrollo socio comunitario, así como de la producción agroforestal.

APOYOS ECONÓMICOS PARA FOMENTAR EL BIENESTAR DE LAS/LOS SUJETOS DE DERECHO.

El mecanismo para dispersar los recursos económicos consiste en que el Programa realiza las transferencias electrónicas o emite órdenes de pago a las y los sujetos de derecho.

• APOYO ECONÓMICO ORDINARIO.

La/el sujeto de derecho, que a mes vencido haya cumplido con su programa de trabajo, recibirá un apoyo económico de $5,000.00 (Cinco mil pesos 00/100 M.N.) de los cuales, $500.00 (Quinientos pesos 00/100 M.N.) se destinará como ahorro de la/el sujeto de derecho; de esta cantidad, $250 (Doscientos cincuenta pesos 00/100 deberán ser destinados a una inversión de ahorro en una institución financiera, y $250 (Doscientos cincuenta pesos 00/100 M.N.) deberán ser destinados al Fondo de Bienestar. Una vez al mes, el técnico social informará a los sembradores el monto de su ahorro en las CACs de manera verbal y/o escrita, lo cual quedará asentado en el Acta correspondiente; asimismo, cada integrante deberá firmar de enterado agregando este documento al Acta.

APOYO ECONÓMICO ADICIONAL

El Comité Técnico del Programa previo análisis y dictamen, determinará aquellos casos en los que se podrá dar apoyo económico adicional, bajo las siguientes características:

El otorgamiento de los apoyos económicos adicionales sólo será determinado por el Comité, las/los sujetos de derecho no podrán solicitarlos de manera directa.

El Programa podrá destinar apoyos económicos adicionales hacia las/los sujetos de derecho, para la adquisición de semillas, material vegetativo, plantas e insumos.

Las/los sujetos de derecho y/o las CAC, podrán recibir un apoyo económico adicional, cuyos montos serán establecidos por el Comité Técnico del Programa, y de conformidad con la disponibilidad presupuestal del Programa Sembrando Vida.

APOYOS EN ESPECIE PARA LA PRODUCCIÓN AGROFORESTAL.

El mecanismo para el otorgamiento de los apoyos en especie se realizará de la siguiente manera: todos los apoyos en especie se entregarán en cada uno de los territorios establecidos por el Programa; el lugar preciso de la entrega será determinado por las/los coordinadores regionales y territoriales, previo informe a la Subsecretaria de Planeación, Evaluación y Desarrollo Regional. Una vez que los apoyos en especie estén en los territorios, las/los técnicos(as) productivos y sociales serán los responsables de coordinar la entrega a las/los sujetos de derecho en las fechas previamente determinadas. Para el otorgamiento de apoyos en especie, la Subsecretaria de Planeación, Evaluación y Desarrollo Regional, podrá suscribir los convenios, contratos, acuerdos y demás instrumentos jurídicos y administrativos necesarios con otras entidades, dependencias e Instituciones públicas y privadas, de conformidad con la normatividad aplicable en cada caso.

Apoyo en especie

Plantas, insumos, herramientas, viveros comunitarios y biofábricas

Apoyo en especie

El mecanismo para el otorgamiento de los apoyos en especie se realizará de la siguiente manera: todos los apoyos en especie se entregarán en cada uno de los territorios establecidos por el programa; el lugar preciso de la entrega será determinado por los coordinadores regionales y territoriales, previo informe a la Secretaría de Bienestar. Una vez que los apoyos en especie estén en los territorios, los técnicos productivos y sociales serán los responsables de entregar a los sujetos agrarios en las fechas previamente determinadas.

El productor agropecuario recibirá en especie:

Plantas.

Las plantas necesarias para la siembra. La cantidad y tipo de plantas, así como el período de entrega y siembra, estará definida en los planes de trabajo.

Insumos.

Los insumos necesarios para desarrollar el programa agroforestal en su unidad de producción, los cuales podrán variar de acuerdo al tipo de cultivo a establecerse en cada territorio.

Herramientas.

Un paquete de herramientas para realizar las actividades en su unidad de producción. Los paquetes de herramientas serán considerados de acuerdo al contexto y de tratarse de mujeres y hombres.

Vivero Comunitario

Se establecerán viveros comunitarios en cada una de las localidades seleccionadas, los cuales tendrán los materiales e insumos necesarios para producir 50 mil plantas al año. Los viveros serán atendidos por productores con el acompañamiento de los Técnicos(as) Productivos. Todos los productores, en tanto formen parte del programa, atenderán los viveros comunitarios ubicados en sus territorios, en los cuales, se producirán las plantas para sus unidades de producción. Si salen del Programa, no tendrán derecho a la producción de los viveros, su participación es parte integral del Programa y territorialmente se organizarán para dedicar los tiempos de atención y participación correspondientes.

Biofábrica.

Se establecerán biofábricas de insumos en localidades seleccionadas, las cuales tendrán los materiales necesarios para elaborar biofermentos, biopreparados y otras sustancias agroecológicas que promuevan la agricultura orgánica. Las biofábricas serán atendidas por los mismos productores con el acompañamiento de los Técnicos(as) Productivos. Se fomentará también la elaboración de compostas, aprovechando el material que se encuentra en las unidades de producción. Todos, en tanto formen parte del Programa, atenderán las biofábricas en sus territorios, en las cuales, se producirán los insumos orgánicos para sus unidades de producción. De la misma manera si alguno sale del Programa, no tendrán derecho a la producción de las biofábricas, su participación es parte integral del programa y territorialmente se organizarán para dedicar los tiempos de atención y participación correspondientes.

Vinculación con la Comisión Nacional de Áreas Naturales Protegidas (CONANP).

Conforme al 6 de la Ley General de Desarrollo Social y al Artículo 4º de la Constitución Política de los Estados Unidos Mexicanos, referente a la Ley General del Equilibrio Ecológico y la Protección al Ambiente, (LGEEPA), toda persona tiene derecho a un medio ambiente sano para su desarrollo y bienestar. El Estado garantizará el respeto a este derecho. El daño y deterioro ambiental generará responsabilidad para quien lo provoque. De acuerdo con el Artículo 81 del Reglamento de la LGEEPA en materia de Áreas Naturales Protegidas, los aprovechamientos de recursos naturales sólo podrán realizarse si están acordes con los esquemas de desarrollo sustentable, la declaratoria de área natural protegida y su programa de manejo. Por ello, los apoyos otorgados por la Secretaría sobre territorios comprendidos dentro de un área natural protegida federal, o sus zonas de influencia, deberán ser validados por la instancia competente en materia de áreas naturales protegidas.

Impugnación de la suspensión o cancelación de los beneficios

Las personas a quienes se les suspendan o cancelen los beneficios del Programa contarán con el derecho de Garantía de Audiencia y, además, podrán impugnar dicha determinación ante el Comité Técnico del Programa, mediante escrito libre presentado en original y que contenga los siguientes requisitos:

• Nombre y domicilio de la/del promovente.

• Un apartado de hechos, los cuales deberán ser numerados y narrados de manera clara y cronológica.

• Un apartado de pruebas, en el cual se haga mención de los documentos públicos o privados que se relacionen con cada hecho señalado en el escrito, así como los nombres de las personas a las que les consten los mismos.

• Los numerales de las presentes Reglas de Operación en los que funden su escrito.

• La firma de la/del promovente. El plazo para interponer la impugnación sobre suspensión o cancelación de los beneficios será de 15 días hábiles contados a partir del día siguiente a aquel en que se notifique la resolución impugnada.

El Comité Técnico del Programa resolverá las impugnaciones sobre suspensión o cancelación de los beneficios en un plazo máximo de 95 días contados a partir de su recepción. En caso de que falte alguno de los requisitos enunciados, el Comité solicitará a la persona promovente la documentación faltante para que la exhiba en un plazo no mayor a 10 días hábiles.

En caso de que la impugnación resulte procedente, la/el sujeto de derecho tendrá el derecho a que se le reembolse el apoyo económico correspondiente a los meses en que dejó de recibir el apoyo económico.

En todo lo no previsto por las presentes Reglas de Operación, el procedimiento para suspender o cancelar los beneficios del Programa se regirá por lo dispuesto en la Ley Federal de Procedimiento Administrativo.

III.   IMPORTANCIA Y BENEFICIOS DE LA REFORESTACIÓN

Sembrando Vida ha creado más de 400 mil empleos en el campo; para sus miles de sembradoras y sembradores ya no es necesario salir de sus lugares de origen en busca del sustento, ahora trabajan en sus propias comunidades.

Los árboles producen oxígeno, purifican el aire, evitan la erosión, mantienen limpios los ríos, captan agua para los acuíferos, sirven como refugios para la fauna, reducen la temperatura del suelo, propician el establecimiento de otras especies, regeneran los nutrientes del suelo, etc.

Importancia de la reforestación

Revertir la erosión del suelo y revivir las cuencas hidrográficas. Los árboles del bosque, al frenar el viento y la caída del agua, protegen al suelo de la erosión. Los suelos erosionados e infértiles perjudican a la agricultura y favorecen los deslizamientos de tierra y las inundaciones repentinas.

Impacto de la reforestación en el medio ambiente

La reforestación, al plantar árboles en áreas previamente deforestadas o degradadas, contribuye a la captura y el almacenamiento de CO_2. Esto ayuda a reducir la concentración de gases de efecto invernadero en la atmósfera, mitigando el cambio climático y sus efectos adversos.

¿Por qué es importante reforestar con plantas nativas?

Nos permiten recuperar espacios y la biodiversidad que se han perdido tras la urbanización.

¿Cómo podemos contribuir a la reforestación?

Qué hacer antes de reforestar

- Conocer el sitio a reforestar. Se debe visitar el sitio para identificar el suelo, la vegetación las condiciones en general.

- Definir la especie. ...

- Desyerbar o eliminar maleza. ...

- Diseñar plantación. ...

- Elegir la época adecuada.

¿Qué es conservación y reforestación?

La reforestación, el proceso de plantar árboles en áreas donde han desaparecido debido a la tala, la urbanización o la degradación del suelo, es una práctica de conservación del medio ambiente que va mucho más allá de la restauración del paisaje y la promoción de la biodiversidad.

¿Cuál es la importancia de los bosques?

Generan oxígeno. Controlan la erosión, así como la generación, conservación y recuperación del suelo. Coadyuvan en la captura de carbono y la asimilación de diversos contaminantes. Protegen la biodiversidad, de los ecosistemas y las formas de vida.

¿Qué plantas se utilizan para reforestar?

Entre los que más conocemos que contribuyen a este proceso están los Pinos, los Jiñocuagos, los Mangos, los Tatascames, los Liquidámbar y algunos Chilamates. Los nectarios son los órganos que secretan néctar, ubicándose en diversos lugares de la planta.

¿Qué es la reforestación rural?

La reforestación rural es la que, de acuerdo con su objetivo, se establece en superficies forestales o potencialmente forestales donde originalmente existían bosques, selvas o vegetación semiárida.

¿Cómo se tiene éxito en una reforestación?

La base para tener una reforestación exitosa es utilizar la especie apropiada al sitio, germoplasma de buena calidad, de procedencia conocida y localizada dentro del lugar cercano del predio a reforestar (Vázquez et al, 2001).

¿Qué beneficios aporta la reforestación?

La reforestación global ofrece múltiples beneficios químicos, sociales y biológicos. Además de mitigar el cambio climático, protege la biodiversidad, mejora la calidad del aire y el agua, y fomenta el bienestar humano.

¿Qué árboles purifican el ambiente?

Son la melia, la acacia de tres espinas, la jacaranda y el olmo los que más capacidad de fijación tienen. Entorno forestal. El pino carrasco, el pino piñonero y el alcornoque son las especies de árboles que más CO_2 absorben.

La importancia de la reforestación en México

Conoce estos 5 factores que resaltan la importancia de la reforestación y las iniciativas que ayudan a los ecosistemas de México.

¿Sabías que México es uno de los países más diversos del mundo? No obstante, está perdiendo sus bosques a una tasa alarmante por año, por lo que se debe resaltar más que nunca la importancia de la reforestación.

La pérdida de áreas forestales -ya sea por incendios, plagas o tala clandestina-, tiene varias consecuencias. Principalmente, ya no se absorbe tanto CO_2 y también entran en riesgo los animales y plantas de los ecosistemas locales.

5 beneficios de la reforestación

Un plan de reforestación tiene múltiples beneficios para el medio ambiente y los ecosistemas, algunos de los más importantes son:

1. Refuerza las barreras forestales

Los árboles son una barrera natural ante ciclones y tormentas, pues el viento pierde fuerza de aceleración al chocar contra sus copas. Lo mismo aplica con las lluvias y las olas marinas; una zona arbolada reduce el volumen del agua y la filtra hacia el subsuelo, siendo de ayuda para evitar inundaciones.

2. Regula el clima

Mediante la sombra que proporcionan y la transpiración, las zonas forestales suelen ayudar a disipar las altas temperaturas. Esto resultaría particularmente útil en zonas urbanas, donde el concreto y el número de edificios suelen acumular el calor.

3. Aumenta la disponibilidad del agua

Los árboles también sirven para canalizar el agua de lluvia, la cual al caer se deslizará por sus copas, hojas y tronco hasta llegar al suelo e hidratarlo, o hasta las personas que quieran recolectar agua.

4. Previene la erosión del suelo

Otro de los beneficios de la reforestación es que evita la degradación del suelo. Cuando llueve o hay deslaves y no hay árboles o vegetación para disminuir el efecto de estos factores, es más probable que el suelo se erosione

5. Conserva la biodiversidad

La importancia de la reforestación recae en que volver a sembrar árboles y vegetación es una fuerza de empuje que revive los ecosistemas. De este modo, se le da hogar y protección a la fauna local y, a su vez, atraen polinizadores (como abejas), lo cual es muy beneficioso para la naturaleza.

Plan de reforestación en México

A grandes rasgos, un plan de reforestación intenta regresar a la naturaleza a su estado natural, para lo cual se consideran diferentes acciones que ayuden a lograr el objetivo.

- Según el Programa Nacional Forestal 2020-2024, México tiene 20.8 millones de hectáreas que potencialmente podrían participar en el programa Manejo Forestal Sustentable.

- Además, en el marco del Reto Verde 2021, la Secretaría del Medio Ambiente (SEDEMA) ya plantó miles de árboles y arbustos en áreas protegidas de la Ciudad de México.

Estas son iniciativas masivas, pero siempre puedes preguntar por algún plan de reforestación en tu área y ayudar dentro de tus posibilidades. Cada acción cuenta para colaborar a cuidar el medio ambiente, así como controlar y ahorrar en el consumo de agua y el recibo de luz.

https://www.google.com/search?q=importancia+y+beneficios+de+la+refor estaci%C3%B3n&rlz=1C1UUXU_esMX940MX940&oq=importancia+y+benef icios+de+la+reforestaci%C3%B3n&g

IV. DIFICULTADES Y BENEFICIOS DE LA REFORESTACIÓN

Reforestación

La reforestación, una alternativa para revertir la desertificación

<u>Naturaleza</u>

La desertificación, o pérdida de suelo fértil y productivo, es uno de los problemas que ahondan —al reducirse el número de árboles incrementa el efecto invernadero— en la crisis climática que vive el planeta. Una de las soluciones es la reforestación. Pese a sus inconvenientes, se ha convertido en una alternativa para volver a colorear de verde miles de hectáreas.

La reforestación se encarga de repoblar zonas afectadas por la deforestación.

Sin <u>bosques</u>, la vida en la Tierra no sería posible. Estos, junto a los océanos, son el pulmón del planeta y su papel en la lucha contra el <u>cambio climático</u> es vital al absorber cada año unos 2.000 millones de toneladas de CO_2 —principal gas de <u>efecto invernadero</u> y gran culpable del calentamiento global—. La trascendencia y el valor de estos ecosistemas terrestres es tan incuestionable que su cuidado y respeto forma parte de los <u>Objetivos de Desarrollo Sostenible (ODS)</u>. En concreto, el <u>ODS 15: Vida de ecosistemas terrestres</u> busca proteger, restablecer y promover su uso sostenible.

Casi una tercera parte del planeta está cubierta de bosques, lo que equivale a 4.060 millones de hectáreas. Estas grandes masas arboladas nos proveen de lo esencial para la supervivencia: el agua que bebemos, los alimentos que comemos y el aire que respiramos. Sin embargo, estamos acabando con nuestra fuente de vida: la mano del hombre elimina 13 millones de hectáreas de bosque cada año.

La <u>sobreexplotación de los recursos naturales</u>, a través de la tala o el crecimiento urbano, es la principal causa atribuible al ser humano en lo relativo a la desertificación, pero hay otras que no dependen de él. Entre ellas, se encuentran las lluvias poco constantes y las sequías estacionales, la erosión del suelo y las tierras pobres, o los incendios forestales a causa del cambio climático. Ante este escenario, la reforestación se revela como una de las estrategias más efectivas para revertir este problema.

Qué es la reforestación. Objetivos y beneficios

La reforestación consiste en repoblar zonas deforestadas para recuperar bosques destruidos en el pasado reciente. Ante la pérdida de grandes masas forestales, vitales para la absorción de CO_2, la generación de oxígeno y la lucha contra el cambio climático, se hace necesaria la <u>plantación masiva de árboles nuevos</u> con el objetivo de evitar la pérdida de ecosistemas y frenar el deterioro del planeta.

¿Por qué es importante
cuidar de los bosques?

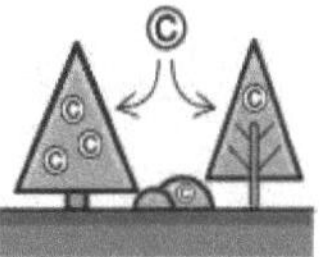

Aumentan los nutrientes del suelo a través de las raíces y de las hojas que caen de sus copas

Son los **principales sumideros de carbono** del planeta al absorber dióxido de carbono y soltar oxígeno

Proveen de alimentos, tanto básicos como suplementarios, y de ingresos a millones de personas

Actúan como **acueductos naturales,** ya que redistribuyen hasta el 95 % del agua que absorben

Albergan el **80 % de la biodiversidad terrestre mundial** (animales, plantas e insectos)

Fuente: FAO.

La reforestación, por tanto, contribuye a la consecución de diversos objetivos, todos ellos encaminados a recuperar la estabilidad que proporcionan los bosques:

Restablecer la pérdida de biodiversidad

Los bosques albergan más del 80 % de todas las especies terrestres del mundo. En concreto, según *El estado de los bosques en el mundo 2020* (FAO) acogen a más de 60.000 especies arbóreas, al 80 % de los anfibios, al 75 % de las aves y al 68 % de los mamíferos. Su degradación y desaparición aboca a cientos de especies a la extinción pese a los esfuerzos de conservacionismo. La Estrategia de Biodiversidad de la Unión Europea para 2030 prevé la plantación de al menos 3.000 millones de árboles en territorio europeo para contribuir a la protección de la biodiversidad.

Reducir el dióxido de carbono en el aire

La actividad del ser humano causa emisiones anuales de en torno a 40 Gt CO_2. La mitad de estos gases se quedan en la atmósfera contribuyendo al calentamiento global y la otra mitad es absorbida por bosques y océanos. Reforestar es fundamental para nuestra propia subsistencia: los bosques son sumideros de carbono imprescindibles para frenar el cambio climático. Sin ellos, la temperatura promedio del planeta seguirá en aumento, con la consecuente elevación del nivel del mar o el deshielo de glaciares y polos, entre otros efectos climáticos.

Revertir la erosión del suelo y revivir las cuencas hidrográficas

Los árboles del bosque, al frenar el viento y la caída del agua, protegen al suelo de la erosión. Los suelos erosionados e infértiles perjudican a la agricultura y favorecen los deslizamientos de tierra y las inundaciones repentinas. La reforestación busca paliar esa situación, también acentuada por la tala indiscriminada, preservando la fertilidad del suelo con unas raíces bien adheridas. A su vez, las cuencas hidrográficas reviven con la recuperación de nutrientes.

Cuidar la salud del ser humano

La deforestación y sus efectos sobre el hábitat no solo nos privan de nutrientes esenciales, sino que son las principales vías de transmisión de enfermedades infecciosas emergentes, incluida la COVID-19. El 75 % de estas enfermedades, entre ellas la gripe aviar o el ébola, se transmiten de la vida silvestre a las personas. La degradación de los bosques, sin una óptima reforestación, propicia la exposición de los seres humanos a enfermedades zoonóticas.

Tipos de reforestación

Según el lugar en que se practique, se distinguen dos tipos de reforestación:

- Reforestación urbana. Referida a la plantación de árboles en entornos urbanos. Su objetivo tiene que ver con las propias necesidades de la ciudad: modificar el clima —los espacios verdes son buenos para combatir el calor—, mejorar la calidad del aire —la alta incidencia de tráfico en las ciudades hace que suban los niveles de CO_2—, aumentar las zonas de sombra o embellecer el entorno.

- Reforestación rural. Se trata de la plantación masiva de árboles en superficies forestales que han sido deforestadas, es decir, donde antiguamente existían bosques, selvas o vegetación semiárida. También puede darse en áreas donde estos antes no existían, aunque el término adecuado en ese caso sería forestación. Dentro de la reforestación rural, se enmarcan distintos subtipos atendiendo al objetivo: de conservación, de protección y restauración, agroforestal o productiva.

Cómo se realiza una reforestación

Para reforestar un terreno baldío por la tala indiscriminada, por un incendio o por la deforestación a causa del cambio climático hay que trazar un plan. La reforestación ha de ser sostenible, es decir, no se trata de plantar árboles arbitrariamente. A continuación, repasamos las principales cuestiones a tener en cuenta:

Realizar un estudio de campo

Antes de nada, hay que estudiar el terreno y comprobar las condiciones del lugar: desde el suelo —profundidad, textura, fertilidad— al clima —temporada seca o húmeda (es indispensable que haya humedad)— o al tipo de población que habita en el ecosistema —fauna y flora autóctona.

Elegir las especies repobladoras

Lo más recomendable es optar por especies autóctonas, pero también pueden incluirse especies importadas de crecimiento rápido que sean compatibles con el suelo y el clima. El germoplasma forestal ha de ser de buena calidad y lo ideal es que el vivero de procedencia se encuentre a no más de 100 kilómetros. La forma y el momento del transporte también son importantes, evitando el sol o las fuertes corrientes de viento.

Optar por un método de plantación

Hay que preparar el terreno, elegir las herramientas adecuadas y optar por la técnica menos invasiva. Además, debemos tener en cuenta la altura y cobertura de cada nueva planta para que no se perjudiquen entre ellas. La plantación no se acaba con la introducción del germoplasma forestal, sino que se debe llevar a cabo un plan de seguimiento.

Establecer un plan de protección

Dentro del plan de seguimiento, se debe desarrollar el modo de proteger el bosque reforestado de posibles enfermedades, plagas, incendios o talas ilegales, entre otros. El mantenimiento y las evaluaciones son vitales para afianzar la reforestación.

Problemas de la reforestación

Según la *Evaluación de los recursos forestales mundiales 2020* (FAO), más de 2.000 millones de hectáreas de bosque en el mundo tienen planes de gestión. La preparación de directrices para el correcto funcionamiento de los bosques es un punto de partida que no debe faltar a la hora de rehabilitar un bosque o de lanzarse a reforestar porque, como en todo proceso, pueden surgir problemas:

- Si la reforestación es impulsiva, es decir, no cuenta con un buen plan de ejecución, puede ser contraproducente, perjudicando a la diversidad de especies o a los cultivos agrícolas.

- En grandes cultivos forestales podemos conseguir el efecto inverso al buscado, desecando y empobreciendo los suelos por exceso de concentración salina.

- Una mala elección de los nuevos árboles a introducir, así como su manera de plantarlos y posicionarlos puede ser perjudicial. Además, la introducción de especies invasoras puede favorecer la extinción de otras.

- Una reforestación mal planteada podría desembocar en un monocultivo, que no solo afectaría a la diversidad de la flora autóctona sino también a los hábitats de los diferentes habitantes del bosque.

https://www.iberdrola.com/sostenibilidad/que-es-reforestacion#:~:text=Problemas%20de%20la%20reforestaci%C3%B3n&text=En%20grandes%20cultivos%20forestales%20podemos,y%20posicionarlos%20puede%20ser%20perjudicial.

Problemas de la reforestación

En grandes cultivos forestales podemos conseguir el efecto inverso al buscado, desecando y empobreciendo los suelos por exceso de concentración salina. Una mala elección de los nuevos árboles a introducir, así como su manera de plantarlos y posicionarlos puede ser perjudicial.

¿Qué desventajas tiene la reforestación?

La reforestación de árboles puede empeorar los problemas que pretende resolver. Las campañas para plantar árboles pueden combatir el cambio climático, mejorar las comunidades y restaurar la biodiversidad. Sin embargo, si se hacen mal, puede acelerar la extinción.

¿La reforestación de árboles ayuda o perjudica al planeta?

La reforestación de árboles puede empeorar los problemas que pretende resolver. Por Catrin Einhorn. 21 mar 2022 The New York Times

Las campañas para plantar árboles pueden combatir el cambio climático, mejorar las comunidades y restaurar la biodiversidad. Sin embargo, si se hacen mal, puede acelerar la extinción.

Por cada camiseta comprada se planta un árbol; por cada botella de vino; por cada vez que deslices tu tarjeta de crédito. Los países plantan árboles para cumplir sus compromisos globales y las empresas para reforzar su historial de sustentabilidad.

El Times. Una selección semanal de historias en español que no encontrarás en ningún otro sitio, con eñes y acentos. Get it sent to your inbox.

A medida que la crisis climática se agrava, las empresas y los consumidores se unen a las organizaciones sin fines de lucro y a los gobiernos en un auge mundial de reforestación. El año pasado se plantaron miles de millones de árboles en decenas de países de todo el mundo. Estos esfuerzos pueden suponer una triple victoria, ya que proporcionan medios de subsistencia, absorben y bloquean el dióxido de carbono que calienta el planeta y mejoran la salud de los ecosistemas.

Pero cuando los proyectos se hacen mal, pueden empeorar los mismos problemas que pretenden resolver. Plantar los árboles equivocados en el lugar equivocado puede reducir la biodiversidad y acelerar la extinción de los ecosistemas, haciéndolos mucho menos resistentes.

Hacer frente a la pérdida de biodiversidad, que ya es una crisis mundial similar a la del cambio climático, cada vez es más urgente. Las tasas de extinción están aumentando. Se calcula que un millón de especies corre el riesgo de desaparecer, muchas de estas en cuestión de décadas. Y el colapso de los ecosistemas no solo amenaza a los animales y las plantas, sino que pone en peligro el suministro de alimentos y agua del que dependen los seres humanos.

En medio de esta crisis cada vez más grave, las empresas y los países invierten cada vez más en la siembra de árboles que cubren grandes superficies con especies comerciales no autóctonas en nombre de la lucha contra el cambio climático. Estos árboles absorben el carbono, pero ayudan poco a las redes de vida que antes prosperaban en esas zonas.

"En esencia, se crea un paisaje estéril", comentó Paul Smith, quien dirige Botanic Gardens Conservation International, un grupo de organizaciones que trabaja para prevenir la extinción de plantas. "Si la gente quiere plantar árboles, hagamos que también sea positivo para la biodiversidad".

En el mundo de la reforestación hay una regla de oro: se debe plantar "el árbol adecuado en el lugar adecuado". Algunos añaden: "por la razón correcta".

Pero, según las entrevistas realizadas a diversos actores —científicos, expertos en políticas públicas, empresas de silvicultura y organizaciones de reforestación—, la gente no suele estar de acuerdo con lo que significa "adecuado". Para algunos, se trata de grandes viveros para el almacenamiento de carbono y la madera. Para otros, se trata de proporcionar árboles frutales a pequeños agricultores. Para otros, es permitir la regeneración de las especies de carbono y la madera

Para otros, se trata de proporcionar árboles frutales a pequeños agricultores. Para otros, es permitir la regeneración de las especies endémicas.

Según los expertos en restauración, los mejores esfuerzos tratan de satisfacer una serie de necesidades, pero puede ser difícil conciliar intereses contrarios.

"Es una especie del Viejo Oeste", dijo Forrest Fleischman, profesor de Política Medioambiental de la Universidad de Minnesota.

Una solución natural

La Tierra no tiene suficiente terreno para hacer frente al cambio climático solo con árboles, pero en combinación con recortes drásticos de los combustibles fósiles, los árboles pueden ser una importante solución natural. Absorben el dióxido de carbono a través de los poros de sus hojas y lo almacenan en sus ramas y troncos (aunque los árboles también liberan carbono cuando se queman o se pudren). Esa capacidad de recoger CO2 es la razón por la que a menudo se llama a los bosques sumideros de carbono.

En África Central, Total Energies, el gigante francés del petróleo y el gas, anunció planes para sembrar árboles en 40.000 hectáreas en la República del Congo. El proyecto, ubicado en la meseta de Batéké, un mosaico ondulante de pastos y sabanas arboladas con parches de bosques más densos captaría más de diez millones de toneladas de dióxido de carbono en 20 años, según la empresa.

"Total se compromete a desarrollar sumideros naturales de carbono en África", declaró Nicolas Terraz, entonces vicepresidente sénior de Total para África, exploración y producción, en un comunicado de prensa de la empresa sobre el proyecto en 2021. "Estas actividades se basan en las iniciativas prioritarias adoptadas por el grupo para evitar y reducir las emisiones, en consonancia con su ambición de llegar a una neutralidad en carbono en 2050".

A fin de alcanzar esa meta, las empresas deben eliminar del aire al menos la misma cantidad de carbono que liberan. Muchas, como Total Energies, recurren a los árboles para conseguirlo. En la meseta de Batéké, una especie de acacia procedente de Australia, destinada a la tala selectiva, cubrirá una gran superficie.

El proyecto, que forma parte de un programa del gobierno congolés para ampliar la cubierta forestal y aumentar el almacenamiento de carbono, creará puestos de trabajo, según la empresa y, en última instancia, aumentará la biodiversidad del ecosistema al permitir que las especies locales crezcan durante décadas.

Pero los científicos advierten que el plan puede ser un ejemplo de uno de los peores tipos de esfuerzos de forestación: plantar árboles donde no se darían de manera natural. Estos proyectos pueden devastar la biodiversidad, amenazar el suministro de agua e incluso aumentar las temperaturas porque, en algunos casos, los árboles absorben el calor que los pastizales —o, en otras partes del mundo, la nieve— habrían reflejado.

"No queremos ocasionar daños con la excusa de hacer el bien", dijo Bethanie Walder, directora ejecutiva de la Sociedad para la Restauración Ecológica, una organización mundial sin fines de lucro.

La meseta de Batéké es uno de los ecosistemas menos estudiados de África, según Paula Nieto Quintano, científica medioambiental que se ha centrado en la

<u>región</u>. "Su importancia para los medios de vida locales, su ecología y las funciones del ecosistema son poco conocidas", dijo Nieto.

Los que estudian la conservación forestal insisten en que los árboles no son una panacea.

"Me temo que muchas empresas y gobiernos lo ven como una salida fácil", dijo Robin Chazdon, profesor de Restauración de Bosques Tropicales en la Universidad de Sunshine Coast, en Australia. "No tienen que esforzarse tanto para reducir sus emisiones porque pueden decir simplemente: 'Ah, lo compensamos plantando árboles'".

'Hacer lo correcto'

Todos los árboles almacenan carbono; sin embargo, sus demás beneficios varían mucho en función de la especie y del lugar donde se planten.

Por ejemplo, el eucalipto crece rápido y recto, lo que lo convierte en un producto maderero lucrativo. Originario de Australia y algunas islas del norte, sus hojas alimentan a los koalas, que han evolucionado para tolerar un potente veneno que contienen. Pero en África y Sudamérica —donde se cultivan estos árboles para obtener madera, combustible y, cada vez más, para el almacenamiento de carbono— tienen mucho menos valor para la vida silvestre. También se sabe que son causantes del agotamiento del agua y del agravamiento de los incendios forestales.

Los expertos reconocen que la restauración de los bosques y el almacenamiento de carbono son complejos, y que las especies comerciales desempeñan un papel importante. La gente necesita madera, un producto renovable con menor huella de carbono que el hormigón o el acero, además de papel y combustible para cocinar.

En ocasiones, sembrar especies de rápido crecimiento para la cosecha puede ayudar a conservar los bosques endémicos circundantes. Y, al añadir estratégicamente especies autóctonas, los viveros pueden ayudar a la biodiversidad al crear corredores de vida silvestre para unir zonas de hábitat desconectadas.

"Este movimiento de restauración no puede producirse sin el sector privado", dijo Michael Becker, responsable de comunicación de 1t.org, un grupo creado por el Foro Económico Mundial para impulsar la conservación y el crecimiento de un billón de árboles con ayuda de la inversión privada. "Históricamente, ha habido malos actores, pero tenemos que hacer que se sumen y hagan lo correcto".

Uno de los desafíos es que ayudar a la biodiversidad no ofrece el rendimiento financiero del almacenamiento de carbono o de los mercados de la madera.

Muchos gobiernos han establecido normas para la reforestación, pero a menudo ofrecen un amplio margen de maniobra.

En Gales, uno de los países más deforestados de Europa, el gobierno ofrece incentivos para reforestación. Pero quienes hacen esta tarea solo tienen que incluir un 25 por ciento de especies endémicas para poder recibir las subvenciones del gobierno. En Kenia y Brasil, las hileras de eucaliptos crecen en terrenos que antes eran bosques y sabanas de gran riqueza ecológica. En Perú, una empresa llamada Reforesta Perú está sembrando árboles en tierras amazónicas degradadas, pero está utilizando cada vez más eucaliptos y teca clonados, destinados a la exportación.

Los inversores los prefieren porque tienen mejores precios, dice Enrique Toledo, gerente general de Reforesta Perú. "Son especies muy conocidas internacionalmente y hay una demanda de madera insatisfecha".

Cuando investigadores del University College de Londres y de la Universidad de Edimburgo evaluaron los compromisos nacionales en materia de reforestación y restauración, descubrieron que el 45 por ciento involucraba "la plantación de vastos monocultivos de árboles como empresas rentables".

Equilibrio de biodiversidad

Cuando las empresas prometen plantar un árbol por cada compra de un determinado producto, suelen hacerlo a través de organizaciones sin fines de lucro que trabajan con comunidades de todo el mundo. Este apoyo puede consistir en la reforestación posterior a incendios forestales o proporcionar árboles frutales y de frutos secos a los agricultores. Pero incluso estos proyectos pueden comprometer la biodiversidad.

El planeta alberga casi 60.000 especies de árboles. Según un informe reciente, un tercio de ellas está en peligro de extinción, sobre todo a causa de la agricultura, el pastoreo y la explotación. Pero en todo el mundo solo se planta una mínima parte de las especies, según los grupos de plantación de árboles y los científicos.

"Se plantan las mismas especies en todo el mundo", dijo Meredith Martin, profesora adjunta de Silvicultura de la Universidad Estatal de Carolina del Norte, quien descubrió que las iniciativas de siembra de árboles sin fines de lucro en los trópicos tienden a dar prioridad a las necesidades de subsistencia de las personas por encima de la biodiversidad o el almacenamiento de carbono. Con el tiempo, dijo, estos esfuerzos corren el riesgo de reducir la biodiversidad en los bosques.

Los grupos de plantación de árboles sin fines de lucro suelen decir que plantan especies no autóctonas porque las comunidades locales se lo piden. Pero un compromiso más profundo puede dar lugar a una historia diferente, dijo Susan

Chomba, quien supervisa la restauración y conservación de los bosques en África para el Instituto de Recursos Mundiales, un grupo global de investigación sin ánimo de lucro. Cuando se les da la oportunidad de considerar lo que quieren conseguir en sus tierras, los agricultores recuerdan, por ejemplo, que cuando tenían más árboles, también tenían arroyos, dijo. Quieren recuperar el agua.

"Entonces dices: 'Según tus conocimientos tradicionales y locales, ¿qué tipo de especies de árboles son adecuadas para devolver el agua al ecosistema?'", continuó Chomba. "Te darán toda una serie de especies arbóreas autóctonas".

Un obstáculo importante es la falta de oferta en los bancos de semillas locales, que suelen estar dominados por especies comerciales populares. Algunos grupos superan este problema pagando a personas para que recojan semillas de los bosques cercanos.

Los expertos afirman que otra solución es dejar que los bosques vuelvan a crecer por sí solos. Si la zona está apenas degradada o se encuentra cerca de un bosque existente, el método conocido como regeneración natural puede ser más barato y eficaz. Basta cercar ciertas zonas para impedir el pastoreo, lo que a menudo permite que los árboles vuelvan a crecer, con el consiguiente secuestro de carbono y biodiversidad.

"La naturaleza sabe mucho más que nosotros",

https://www.nytimes.com/es/2022/03/21/espanol/reforestacion-pros-contras.html#:~:text=La%20reforestaci%C3%B3n%20de%20%C3%A1rboles%20puede,mal%2C%20puede%20acelerar%20la%20extinci%C3%B3n.

V.   EVOLUCION DEL PROGRAMA SEMBRANDO VIDA

¿Dónde comenzó este proyecto?

La primera etapa comenzó en 2019 en Veracruz, Chiapas, Tabasco y Campeche, con la integración de 220,000 campesinos para trabajar 550,000 hectáreas de cultivo.

La segunda etapa, comenzó a partir de 2020 y se implementó en

Colima, Guerrero, Hidalgo, Michoacán, Morelos, Oaxaca, Puebla,

Quintana Roo, San Luis Potosí, Tabasco, Tamaulipas, Tlaxcala, Yucatán, Sinaloa, Durango y Chihuahua.

Y para 2021 están completamente establecidos en un millón 75

hectáreas los Sistemas Agroforestales y de Milpa Intercalada con

Árboles Frutales. Entre 2022 y 2023, Sembrando Vida entró en la

etapa de consolidación en los componentes social, productivo y de finanzas sociales. El 2024 será el año de la autonomía de Sembrando Vida.

Resultados del Programa Sembrando Vida

Senadores, campesinos y funcionarios destacaron las ventajas y los resultados del programa Sembrando Vida, pues gracias a este proyecto un

millón de hectáreas, que hace cinco años estaban abandonadas, hoy son productivas.

Durante el foro "La transformación del campo mexicano", la senadora Leticia Peña Ocampo, de Morena, reconoció que, durante décadas, campesinos y productores estuvieron en el olvido, por lo que la desigualdad social que vivió México en el Siglo XX, "trajo la convergencia de lideres sociales y políticos que buscaban mejores condiciones de vida para la gente".

Recordó que a inicios del sexenio del presidente Andrés Manuel López Obrador se definió con claridad que el centro de las políticas públicas serían los grupos más pobres, entre ellos, los campesinos, quienes nos dan de comer y, sin importar el día y las condiciones climáticas, se levantan muy temprano a nutrir la tierra.

En ese sentido, dijo que a principios de 2019 se implementó el programa Sembrando Vida, que tiene como objetivo contribuir al bienestar social de los agricultores mexicanos, a través del impulso de la autosuficiencia alimentaria, por medio del establecimiento de sistemas agroforestales, que combinan la producción de los cultivos tradicionales con árboles frutales y maderables, a fin de aumentar así la producción y disminuir el uso de insumos y costos para la producción de las parcelas.

El senador Gabriel García Hernández dijo que ahora México puede platicarle al mundo que es posible regresar al campo, para no sólo generar prosperidad económica, sino también para sanar al planeta y garantizar la sustentabilidad de futuras generaciones.

Agregó que cada semilla de árboles frutales del programa Sembrando Vida son un símbolo de lo que debe ser el futuro de nuestro país y motivo para regresar a mirar al campo como el motor del desarrollo y la preservación de nuestra identidad y cultura.

Hugo Raúl Paulín Hernández, subsecretario de Inclusión Productiva y Desarrollo Rural de la Secretaría de Bienestar, destacó que se trata de una estrategia de desarrollo rural, que promueve el trabajo colectivo y el autoempleo en estados como Chiapas, Oaxaca, Guerrero, Puebla, Hidalgo, Morelos, Michoacán y Tlaxcala.

El funcionario indicó que es un proyecto eficaz, que está conformado por 18 mil grupos en todo el país, 18 mil comunidades de aprendizaje de campesinos que trabajan de manera coordinada y solidaria.

Además, dijo, ha sido una oportunidad para reconocer el trabajo y la participación de la mujer campesina en el campo mexicano.

Paulín Hernández indicó que después de seis años de esta inversión del Gobierno Federal en el campo, deja frutos, una fuente de trabajo e ingreso para campesinos que participaron en este proyecto.

Por ello, enfatizó, que propondrán que en el país haya más hectáreas vinculadas a Sembrando Vida, porque ha demostrado que, gracias al trabajo de las sembradoras y sembradores, el campo mexicano puede crecer y transitar hacia adelante.

Ahora, acotó, hay producción para el autoconsumo y hay un excedente que le genera riqueza a los productores.

Geni González Iglesias, sembradora de "Tixtoca Nemeliztlik", del municipio de Tixtla, Guerrero, dijo que Sembrando Vida ha sido trascendente y ha generado conciencia social y un trabajo que ha transformado la vida de muchos campesinos, que gracias a esta iniciativa ahora muchos se autoemplean y la economía ha mejorado en muchos hogares.

VI. VIVENCIAS EN SEMBRANDO VIDA

Se Realizó un trabajo con diferentes Ingenieros encargados en la parte de Asesoría y Mantenimiento de los diferentes cultivos que se estaban realizando en los viveros. En la parte de Fertilización, se manejó con Productos Orgánicos que fue lo que se recomendó al Productor. Unas fotos sobre algunos testimonios de Viveros en el Estado de México, de ahí se surten los arbolitos a las zonas cercanas a los viveros. Se Trabajó con ayuda de los Becarios y los Ingenieros encargados en la Zona. Hay Ingenieros Agrónomos, Biólogos y hasta un Doctor que va esporádicamente. Los servicios que dan los becarios son asesorías sobre los cultivos, en esta zona se atienden 9 variedades de chile (picante), maíz, frijol, sandía, ahí mismo se elaboran algunos productos como los fertilizantes foliares con productos orgánicos. Además, les enseñan a elaborar pizzas, pan de sal y de dulce.

Fotos de un ejido ubicado en la sierra del Estado de Guerrero

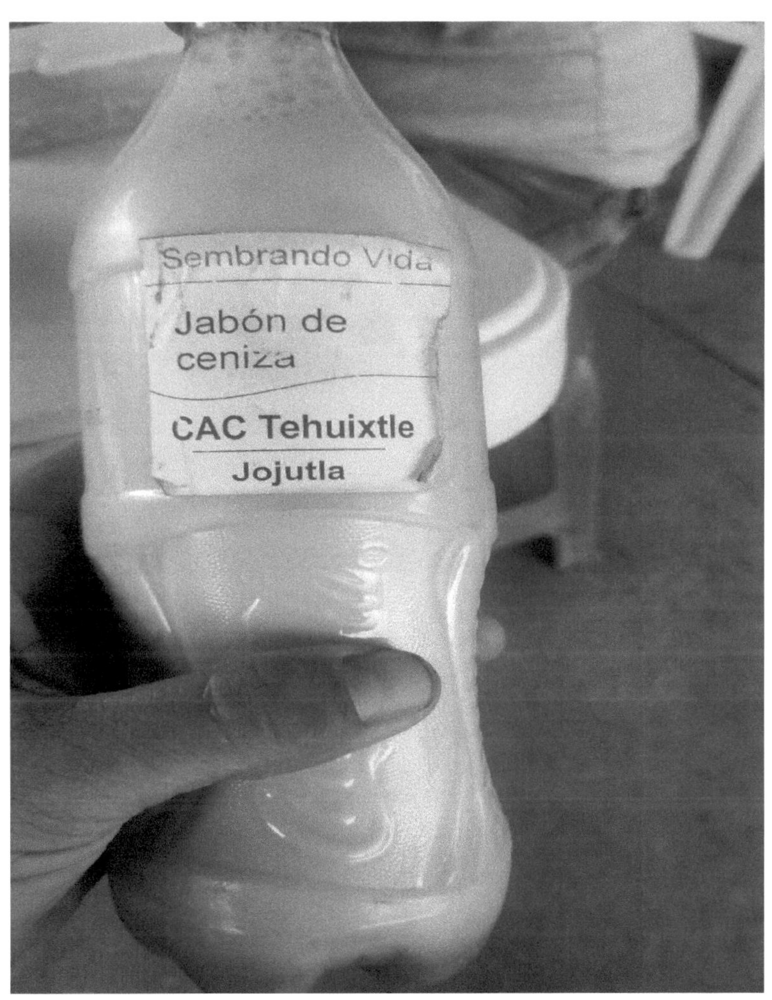

Sembrando Vida
Jabón de ceniza
CAC Tehuixtle
Jojutla

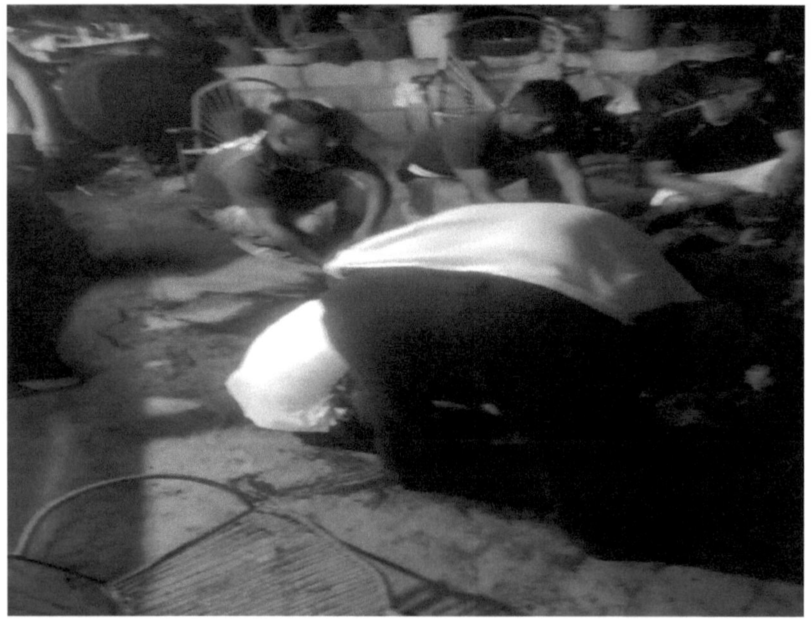

Reforestación en zona plagada de Popo Park

En algunas zonas del Estado de México, visitamos viveros y platicamos con productores y becarios.

Viveros
Sembrando Vida

Sembrando Vida ha creado más de 400 mil empleos en el campo; para sus miles de sembradoras y sembradores ya no es necesario salir de sus lugares de origen en busca del sustento, ahora trabajan en sus propias comunidades.

VII.   BIBLIOGRAFÍA

Beneficio s de la reforestación

https://www.google.com/search?q=importancia+y+beneficios+de+la+refor estaci%C3%B3n&rlz=1C1UUXU_esMX940MX940&oq=importancia+y+benef icios+de+la+reforestaci%C3%B3n&g

Bethanie Walder. Sociedad para la Restauración Ecológica. Organización mundial sin fines de lucro.

biodiversidad.https://www.iberdrola.com/sostenibilidad/que-es-reforestacion#:~:text=Problemas%20de%20la%20reforestaci%C3%B3n&text=En%20grandes%20cultivos%20forestales%20podemos,y%20posicionarlos%20puede%20ser%20perjudicial.

Catrin Einhorn. 21 mar 2022 The New York Times. Get it sent to your inbox.

(FAO) 2020. *El estado de los bosques en el mundo*

Geni González Iglesias, sembradora de "Tixtoca Nemeliztlik", del municipio Robin Chazdon, profesor de Restauración de Bosques Tropicales en la Universidad de Sunshine Coast, en Australia de Tixtla, Guerrero (2023)

Programa SEMBRANDO VIDA. Programa de comunidaes sustentables.

Secretaría de Bienestar | 06 de noviembre de 2020

Programa Nacional Forestal 2020-2024

Robin Chazdon, profesor de Restauración de Bosques Tropicales en la Universidad de Sunshine Coast, en Australia

University College de Londres y de la Universidad de Edimburgo evaluaron los compromisos nacionales en materia de reforestación y restauración.

https://www.nytimes.com/es/2022/03/21/espanol/reforestacion-pros-contras.html#:~:text=La%20reforestaci%C3%B3n%20de%20%C3%A1rboles%20puede,mal%2C%20puede%20acelerar%20la%20extinci%C3%B3n.

FSC
www.fsc.org
MIX
Papier aus verantwortungsvollen Quellen
Paper from responsible sources
FSC® C105338